LETTRE CRITIQUE
DE Mʀ. DE BARRAS
DE LA PENNE,
PREMIER CHEF D'ESCADRE
DES GALERES DU ROY,
ECRITE
AU REVEREND PERE LAVAL
DE LA COMPAGNIE DE JESUS,
PROFESSEUR ROYAL DE MATHEMATIQUE.

A Marseille le 25. Juillet 1726.

J'AY, MON REVEREND PERE, une impatience extréme de recevoir les Journaux de Trevoux : mon negligent Libraire ne m'en a pas encore remis un feul de cette année. Je fuis fur tout empreffé de voir fi la Lettre que le P. Caftel a joint, dans le mois de Mars, à un de vos Memoires, eft écrite d'un ftyle plus moderé, que ne l'eft celuy de plufieurs de fes Lettres manufcrites. Soit que vôtre Confrere ne m'ait pas jugé digne de m'affocier avec vôtre Reverence dans les Memoires de Trevoux, foit que les autres Journaliftes, plus prudens que luy, l'en ayent empêché. Il n'a pourtant pas oublié mon

A

nom ; je l'ay trouvé dans le mois de May du Mercure de France, où il m'a directement adreſſé *une Reponſe Geometrique*, ſans quoy je ne me ſerois jamais ré-connu en aucune des Propoſitions dont elle eſt compoſée : il les a ſans doute priſes dans le *Gouffre* imaginaire de Mr. Boyer, dont il perſiſte, non-ſeulement à ſoûtenir l'exiſtence, mais il en a créé un tout nouveau, tant il a beſoin de *Gouffres* pour ſon ſyſteme ; c'eſt ainſi que je nomme ſa Reponſe Geometrique, qu'on peut regarder comme un Gouffre tenebreux rempli de fauſſetés, d'équivo-ques & d'impoſtures. Je vous envoyerois ce Mercure, ſi vous ne m'euſſiés pas écrit que vous êtes tous les jours ſur vôtre départ. En attendant il faut vous donner quelque idée de cette prétenduë Reponſe Geometrique. Voicy ſon titre.

Reponſe Geometrique du P. Caſtel à Mr. de Barras, Premier Chef d'Eſcadre des Galeres du Roy.

Quand vous aurez lû cette rare Piece, vous me ferez plaiſir de me dire ſans complaiſance, ſi vous m'aurez réconnu dans les fauſſes Propoſitions qu'elle con-tient ; ſi les prétenduës Démonſtrations de ce Jeune-homme conviennent à ma Lettre écrite ſur le Phenomene de Marſeille ; en un mot, ſi cette Reponſe eſt Geometrique. Je n'oſerois mettre ſur le papier les titres dont pluſieurs perſon-nes, entre autres deux de vos Peres, l'ont icy qualifiée. A mon égard j'en ſuis très-ſatisfait, parce que je trouve que ce grand Geometre a parfaitement dé-montré luy-même la fauſſeté de ſes Propoſitions, & la foibleſſe de ſon jugement.

Vous ſçavez mieux que moy que le caractere d'un Geometre eſt de chercher le vray, & d'être aſſeuré qu'on le ſuit ; ce qui bannit toute conteſtation & toute diſpute. La Reponſe Geometrique du P. Caſtel, bien loin d'avoir ce caractere, ſe perd & s'égare à forger des Propoſitions ſans fondement, imaginaires & fauſſes. C'eſt, Mon R. P. ce qu'on peut facilement démontrer ſans le ſecours de la Geo-metrie, dont vôtre Reverence, qui me connoît mieux que le P. Caſtel, ſçait bien que je ne me pique pas : je ne m'en ſuis point ſervi dans aucun de mes Memoi-res, où vous avez pourtant trouvé un eſprit Geometrique, parce que pour dé-montrer ſon ſentiment, il ſuffit de s'expliquer avec juſteſſe, avec clarté & avec préciſion : c'eſt ce que vous ne trouverez certainement pas dans la Reponſe de vôtre jeune Confrere, ainſi que vous vous en êtes déja aperçû dans ſes Lettres manuſcrittes ou imprimées.

Les grands Geometres, parmy leſquels je place le P. Caſtel au premier rang, bien qu'il ſe ſoit imaginé que *je ne le crois pas ſur ſa Geometrie* ; les grands Geo-metres, dis-je, accoûtumés à meſurer la matiere en ſa longueur, largeur & hau-teur ; à ſe ſervir de figures & de démonſtrations évidentes & indubitables ; & à ſe fonder ſur des Principes palpables & infaillibles, ſe perdent quelque fois quand ils veulent écrire en ſtyle Geometrique ſur des choſes communes & fa-milieres, auſquelles la Geometrie ne ſçauroit mordre, parce qu'on n'y peut em-ployer les meſures, les figures, ni les Principes : en vain ces grands Geometres ſe ſervent d'un ſtyle Geometrique ; ils ne prouvent rien : de ſorte que vous ne trouverez dans la Reponſe Geometrique dont je vous parle, qu'un eſprit faux & peu judicieux.

Cet homme fier & imperieux, après s'être donné le *plaisir de rire publique-ment d'une nation de gens qui sçavent tout*, & de se divertir même aux dépens des Geometres, des Astronomes & des Hydrographes, a été choqué de me voir rire de sa hautaine & insultante maniere d'écrire : il a pris feu parce que j'ay osé plaisanter de ses réïterées & trop attenduës promesses, aussi-bien que de sa *credulité precipitée* touchant le *Gouffre* de Mr. Boyer. Ne pouvant directement se justifier au sujet de mes railleries, il se plaint d'abord qu'*on l'a attaqué sur la Geometrie*. Un homme qui, sans rime ni raison, se plaint d'avoir été attaqué, court grand risque d'être battu & sifflé par la Galerie. Le public est trop éclairé & trop judicieux pour prendre le change ; ce superbe Geometre n'a pas lieu d'esperer de le voir *mordre à son hameçon, comme la Vipere mord à la Lime, ou le Chien à la Pierre.* Sa haute Geometrie ne sçauroit luy servir dans ses fausses attaques, ni le retirer de ce nouveau *Gouffre*, dans lequel il s'est abîmé en luy donnant l'être.

Afin que le Lecteur ne fût pas tenté de revoir ma Lettre sur le Phenomene de Marseille, il a eu d'abord la prudente précaution de l'asseurer despotiquement *que le vray & le faux y sont noyez dans l'entassement de paroles.* Cet entassement luy a, Mon R. P. donné une preuve de ma prolixité, celuy de cette Lettre luy démontrera ma sincerité ; le feu naturel, sans le secours du *Central* ni du *Pesant*, mettra au grand jour tout le faux de sa *Réponse Geometrique.* Voicy comme elle debute.

En m'attaquant sur la Geometrie, on me fait souvenir que je suis Geometre ; j'use-ray donc du style Geometrique ; celuy-cy, pour le moins, sera à la portée de tout le monde, & le vray ni le faux n'y seront point noyez dans un entassement de paroles. Vous verrez que le corps de cette Réponse quadre parfaitement avec la tête ; il ne s'agit icy que du Prelude.

Cet homme si extraordinaire, qui par ses annonces doit aprendre au Public une inconnuë & sublime Geometrie ; qui doit montrer un nouveau chemin pour penetrer dans les mysteres de cette divine science, dont il semble faire son Idole : cet homme qui d'un autre côté a déja donné un systeme nouveau sur la pesanteur universelle des corps, dont vôtre sçavante Critique *luy a fait sentir la force*; cet homme enfin qui a compté *plus de trois mille Gouffres* au fond de la Mer, & qui a parcouru tout *ce qu'il y a de plus secret dans les entrailles de la Terre*, qui connoît tous les mouvemens & les ressorts de la Nature. Cet orgueïilleux Geometre s'égare dès le commencement *de sa Réponse Geometrique*, & se donne d'abord pour un esprit peu judicieux & faux, qui deguise, embroüille, embarrasse & confond ses idées Geometriques avec des faits réels & bien averez : ce qu'il a fait de mieux c'est d'avoir d'abord prevenu le Lecteur touchant le *vray* & le *faux*, pour ne pas luy laisser la liberté de dire le premier que le *vray* de sa Réponse est noyé dans son *style Geometrique*, & que le *faux* surnage sur toutes ses propositions.

Si je n'étois pas nommé dans le titre de cette fausse attaque, je n'aurois jamais pensé que cet *ON* pût me regarder ; c'est donc à moy à répondre & à vous dire ce que j'en penfe, & ce que l'on en dit icy. Tout le monde unanimement convient que je n'ay point *attaqué le P. Caftel fur la Geometrie* ; je vous affeure que je n'en ay pas même eu la penfée ; j'ay trop d'experience pour prendre une fauffe route, & trop d'exercice pour porter mes coups *à faux*.

On ne s'eft jamais avifé d'attaquer une Place par l'endroit le plus fort & le feul imprenable ; perfonne n'ignore que la *Geometrie* eft celuy du P. Caftel, il a trop pris de foin d'en inftruire le Public; il n'eft donc pas vrayfemblable qu'*ON* s'avife de l'attaquer par cet endroit. Il n'eft pas non plus neceffaire *de le faire fouvenir qu'il eft Geometre* : mais il eft à propos de luy démontrer qu'il poffede cette qualité fans avoir *l'efprit Geometrique*, ce qui a paru dans fa Lettre à Mr. de Joly, & dans toutes celles que vous avez reçûës de luy en manufcrit, qui m'ont obligé de vous écrire que fon *Feu Central* auffi-bien que fon *Feu pefant* brillent fouvent aux dépens du jugement. Il faut à prefent fuivre pied à pied fa prétenduë *Reponfe Geometrique*.

Puifqu'il a plû au P. Caftel de regarder comme *une attaque* perfonnelle quelques plaifanteries faites fur fa maniere d'écrire hautaine & infultante, foit publiquement, foit en particulier, & que bien loin d'entendre raillerie & d'agréer qu'on fe réjoüiffe, à l'imitation d'un grand Geometre qui, le premier, a bien voulu *fe donner le plaifir de rire* & de fe *divertir aux dépens de fes Lecteurs* ; qui vient tout de nouveau publiquement par une attaque réelle, fauffe & peu judicieufe, foûtenir avec une opiniâtre & trop hardie préfomption, fa credulité precipitée touchant l'exiftence d'un *Gouffre* imaginaire à l'entrée du Port de Marfeille, il faut luy démontrer en détail l'imprudence de fes attaques ; je dois pour cet effet abandonner mes railleries, pour penfer ferieufement à me deffendre, & changer mes legeres efcarmouches en une attaque vive & generale.

Vous avez vû, Mon R. P. que j'ay d'abord infulté de front cette Place très-irreguliere ; c'eft-à-dire, le Frontifpice de la foible & fauffe Réponfe Geometrique du P. Caftel : il faut à prefent rafer & détruire de fond en comble chaque ouvrage particulier. Je commence par la premiere propofition, dans laquelle ce fuperbe Geometre dit que *je luy ay fait l'honneur de l'attaquer*. Pour luy montrer d'abord que *je ne veux point qu'il me croye Geometre*, *je n'uferay point du ftyle Geometrique* : je me contenteray de fuivre pied à pied cet Original inimitable, & je tacheray de me fervir d'un efprit Geometrique pour démontrer le faux de fes propofitions. Il eft vray que celuy-cy *ne fera pas à fa portée*, ni foûtenu d'aucun Probleme, j'efpere toute fois que le *vray noyera le faux* de fes prétenduës Démonftrations, par un *entaffement* de preuves familieres & évidentes. S'il ne s'étoit pas égaré au-delà des bornes de la raillerie, je l'aurois reçûë avec politeffe ; mais fon égarement autorife les termes injurieux dont je ne me fers qu'avec une peine extrême : il m'a donné le droit d'employer ceux qui paroiffent les plus propres & les plus convenables à fes trop hardies expreffions, & à fes artificieufes équivoques & fauffes propofitions.

Ne trouvez donc pas mauvais fi, fans confequence, je joints au droit qu'il m'a donné, ceux que mon âge & mon Grade autorifent en quelque maniere : je ne me ferviray d'aucun terme qui ne convienne à fes fauffes Propofitions. Je fuis même

perfuadé qu'on péche moins contre la bienfeance en employant des termes propres
& naturels, qu'en difant les mêmes chofes fous l'envelope d'une fine, mais artificieufe & fauffe ironie. Telle eft celle dans laquelle le P. Caftel fait entendre à fes Lecteurs qu'il ne nous croit pas vous & moy *Gens d'honneur.* Une injure, pour être di-
te avec efprit, eft-elle plus permife? Le Demon n'en manque pas, mais c'eft un efprit malin, un mechant efprit, un faux efprit femblable à celuy qui brille dans la
pretenduë Réponfe Geometrique de vôtre Confrere.

Propofition 1. *M. de Barras me fait l'honneur de m'attaquer. Demonftration. Je*
n'ay l'honneur de le connoître que par fon attaque du Mercure, & par une autre atta-
que qu'il fait à trois Sçavans, & fur tout à un Geometre que j'eftime, dans une Lettre
manufcrite qu'un ami commun m'a remife entre les mains. Je ne fuis donc pas l'Aggreffeur.
Ce qu'il falloit démontrer.

Le P. Caftel dit icy que je fuis l'Aggreffeur; il fuppofe que je l'ay attaqué fur fa
Geometrie dans ma Lettre du Mercure touchant le Phenomene de Marfeille. Il eft
pourtant réel que c'eft dans les Lettres peu mefurées qu'il a écrites à vôtreReverence
en particulier, & dans celle qu'il a adreffée publiquement à M. de Joly, qu'il faut
établir la caufe premiere qui a donné lieu à mes railleries, ce qui démontre d'abord
que je ne fuis pas *l'Aggreffeur.*

C'eft dans cette vûë que j'ay joint à mes Lettres Critiques fur les *Triremes*, un re-
cuëil de diverfes de vos Lettres, du P. Caftel, & quelques unes de mes Réponfes;
toutes ces Pieces m'ont parû neceffaires pour démontrer fa credulité precipitée touchant le *Gouffre*, & pour donner au Public des pieces propres à decider qui eft
l'Aggreffeur.

Je veux croire pieufement que ce jeune-homme n'a *l'honneur de me connoître que*
par mes railleries du Mercure; je dois même penfer que s'il me connoiffoit mieux,
il ne fe feroit pas méconnu jufqu'au point de m'adreffer publiquement fa prétenduë
& fauffe *Réponfe Geometrique*: il a pourtant vû dans le titre de ma Lettre aux Auteurs
du Mercure, que j'ay l'honneur d'être Officier General; il m'en donne luy-même le
titre dans fa Réponfe: il ne peut donc pas l'ignorer. D'ailleurs les Journaliftes de
Trevoux en ont fait mention dans leurs Nouvelles Litteraires du mois de Juillet
1722. où ils ont même dit que mes *Remarques fur la Differtation du Pere Languedoc*
font eftimées. Ces circonftances tendent à prouver que ce n'eft pas uniquement par
mon attaque du Mercure que je pourrois être connu de luy: quoy qu'il en foit, il
eft toûjours conftant qu'il n'a pû ignorer mon Grade qu'il auroit dû refpecter, par raport au Prince qui ne le donne qu'à des gens *d'honneur.*

Vous auriez pû le détourner de ce faux pas, fi vous lui euffiez fait part de la Lettre
que j'eus l'honneur de vous écrire le premier Mars dernier, par laquelle il auroit pû
me mieux connoître que par ma Lettre familiere. Il me connoîtra très-mal s'il s'en
rapporte à celle-cy, dans laquelle, fa Réponfe impudente & non Geometrique, m'a
forcé de fortir de mon caractere.

Il n'eft pas poffible, quoy qu'il dife, qu'il ait pû ni dû me connoître par ma fup-
pofée *attaque de trois Sçavans*; c'eft ainfi qu'il qualifie ma Lettre manufcrite & fami-

liere que je vous écrivis fur les nouveaux fentimens des *Triremes*, *qu'un amy commun*, dit-il, *luy a remife entre les mains*. Quoy qu'il en foit de nôtre très-legere connoif- fance, fa conclufion fuivante n'eft pas moins fauffe qu'inutile & peu judicieufe. *Je ne fuis donc pas l'Aggreffeur ; ce qu'il falloit démontrer.*

Vous fçavez mieux que perfonne que l'attaque que vôtre jeune Confrere me re- proche d'avoir fait par raport à ma Lettre familiere fur les *Triremes*, écrite à vôtre Reverence, eft encore plus mal fondée que mon attaque du Mercure: je vous en ay dit les raifons dans les additions à mes Lettres du 1. Mars & du 27. Avril 1726. vô- tre imprudent Confrere trouvera dans ma Lettre à M. le Bailly de * * * que je fçais mieux faire mes attaques ; il y verra auffi que je n'attaque point *les trois Sçavans qu'il eftime*, que je n'eftime pas moins, & que j'honore plus que luy : j'ay uniquement at- taqué leurs fentimens fur les *Triremes*. Il confte donc par tout ce que je viens de di- re que je ne fuis pas l'Aggreffeur. La fource de mes railleries fe trouve dans le *plaifir* qu'il a ofé *prendre de rire aux dépens de fes Lecteurs*, & dans fa *credulité precipitée* touchant l'exiftence d'un *Gouffre* imaginaire à l'entrée du Port de Marfeille, qu'il a perfifté de foûtenir avec auffi peu de jugement que de bienfeance, dans diverfes de fes Lettres manufcrites, & dans fa Réponfe Geometrique. *Je ne fuis donc pas l'Ag- greffeur*, & j'ay eu raifon *de le mettre fur les rangs tantôt comme Aprobateur, puis com- me fort credule, & enfin comme precipité dans le Gouffre*. Je n'en ay pas moins aujour- d'huy de joindre à tous ces titres celuy d'*opiniâtre*, & de dire publiquement que tou- tes fes propofitions font peu judicieufes, équivoques, artificieufes & fauffes. *ce qu'il falloit démontrer.*

Propofition 2. L'attaque porte à faux.

Démonftration. Selon Mr. de Barras j'ay donné une aprobation precipitée au Gouffre de Marfeille, attefté par Mr. Boyer, & mon aprobation a parû dans le Mercure.

Agréez que je vous faffe remarquer icy la hardieffe avec laquelle vôtre jeune Con- frere nie formellement dans cette démonftration un fait *qu'il avoüera en homme d'hon- neur*, dans la fuivante : mais il faut fuivre fes Propofitions.

Or le fait réel & Geometrique eft 1° *que même aujourd'huy je n'ay pas l'honneur de connoître Mr. Boyer*. Remarquez la force de fon jugement dans cette premiere preu- ve ; il a la prudence de ne pas nier d'avoir vû dans le Mercure l'atteftation du Gouf- fre de Mr. Boyer, mais il s'eft imaginé qu'il fe tireroit d'intrigue en difant, *qu'il n'a pas même aujourd'huy l'honneur de le connoître*, comme s'il falloit connoître un hom- me pour donner une aprobation precipitée à ce qu'il a publiquement attefté. Il eft certain qu'aujourd'huy même je n'ay l'honneur de connoître le P. Caftel que par fes Lettres publiques & particulieres ; & cela me fuffit pour aprouver ou pour condam- ner ce qu'il a publiquement attefté. La premiere preuve du P. Caftel eft donc peu judicieufe & équivoque. *Ce qu'il falloit démontrer.*

2°. *Que je n'ay donné aucune aprobation ni lente ni precipitée, ni à luy ni à fon Gouf- fre*. Quoyqu'il défavoüe dans fa propofition 3. cette imprudente & fauffe preuve, il fuffit pour en démontrer la fauffeté, de prier le Lecteur de jetter les yeux fur la Let- tre que ce temeraire Geometre vous a écrite le 10. Mars 1726. au fujet de ce *Gouffre*.

3°. *Qu'il n'en a pas parû un seul mot geometriquement, pas un seul mot imprimé dans le Mercure ni ailleurs.* Cette preuve équivoque & artificieuse demande un Commentaire pour être entenduë de ceux qui la liront : le mot de *geometriquement* écrit en caractere Italique, est un mystere qui exige une démonstration, dont ni vous ni moy n'avons pas besoin : ce n'est aussi que pour la donner aux Lecteurs, que j'ay accompagné mes Lettres Critiques sur les *Triremes*, d'un recüeil de diverses de nos Lettres particulieres, où la credulité precipitée du P. Castel paroît dans toute son étenduë.

4°. *Parce qu'en effet ma Lettre qui a parû dans le Mercure sur le Phenomene de Marseille, étoit écrite & envoyée avant que j'eusse aucune connoissance de ce Gouffre.* Pour détruire cette fausseté authentique, il suffit de jetter les yeux sur le mois dans lequel a parû la Lettre de M. Boyer, & sur celuy où se trouve la Lettre de ce peu judicieux Geometre. On trouve que celle de Mr. Boyer a été écrite à Paris le 7. Aoust 1725. & qu'elle a parû dans le Mercure du même mois. La Lettre du P. Castel sur le Phenomene de Marseille, n'a été donnée au public que dans le mois de Septembre de la même année. Il est vray que soit par méprise, soit à dessein, elle est dattée du 2. Aoust 1725. mais comme il assure *l'avoir envoyée* avant qu'il eût aucune connoissance du Gouffre imaginaire, on peut, sans scrupule, presumer que la Lettre est antidatée, parce que l'Auteur du Mercure est trop de ses amys, pour avoir donné le pas à la Lettre de Mr. Boyer du 7. Aoust, sur celle du Pere Castel écrite le 2. du même mois, si elle luy eût été envoyée. *Ce qu'il falloit démontrer.*

Proposition 3. *L'attaque est affectée.*

Démonstration. *D'autres ont attesté après Mr. Boyer l'existence du Gouffre. On les laisse là pour s'en prendre à moy qui n'atteste rien : sans qu'il soit question de moy on me remet à tous momens sur les rangs, tantôt comme Approbateur, puis comme fort Credule, & enfin comme precipité dans le Gouffre. Me voilà pourtant encore assez sur l'eau pour dire & redire que c'est ce qu'il falloit démontrer.*

Le defaut de jugement de vôtre Confrere a fait une ligue offensive & deffensive avec son style geometrique, pour soûtenir toutes les propositions de sa fausse Réponse. Quoy ! Parce que d'autres ont attesté l'existence du prétendu Gouffre, est-*On obligé de s'en prendre à ceux qui n'ont pas pris,* comme luy, *le plaisir de rire aux dépens* de leurs Lecteurs, *& qui ne vous ont pas reproché d'ignorer l'existence de ce Gouffre* par des invectives & des injures signées Castel ? *On les laisse là,* dit-il, *pour s'en prendre à moy qui n'atteste rien.*

Admirez l'audacieuse temerité avec laquelle il dit ce *moy qui n'atteste rien.* Il a crû, sans doute, que ses Lettres ne pouvoient pas servir d'attestation ; cependant pour fortifier cette fausse pensée, il a jugé necessaire de joindre une *Scholie* à sa Démonstration. Après avoir crié de toutes ses forces, *Me voilà pourtant encore assez sur l'eau pour dire que c'est ce qu'il falloit démontrer.*

Divertissons-nous un peu, Mon R. P. en voyant ce grand Geometre surnager sur son *Gouffre,* & concluons de ce que nous venons de luy entendre *dire & redire sur l'eau,* qu'il ne pourra jamais en sortir, pour prouver *qu'il n'a donné,* à ce prétendu Gouffre, *aucune approbation lente ni precipitée. Ce qu'il falloit démontrer.*

Scholie. Je ne defavoüeray pas qu'en homme d'honneur, je n'aye crû un homme d'hon-
neur fur un fait qu'il dit avoir vû, fondé, mefuré en tout fens, fans parler des autres qui
atteftoient la même chofe. J'ay même affez de candeur pour avoüer que je le crois enco-
re, d'autant mieux que j'ay vû le pour & le contre.

Cette contradiction eft remarquable ; dans la propofition precedente vôtre hardi
Confrere a affeuré *qu'il n'avoit aucune connoiffance de ce Gouffre,* dans celle-cy *il ne de-*
favoüe pas de l'avoir crû. Il eft vray qu'il fait cet aveu en *homme d'honneur;* d'où l'on
peut juger en quelle qualité il a cy-devant nié ce qu'il avoüe icy. Il a même *affez de*
candeur pour avoüer qu'il le croit encore; fans doute pour joindre aux titres de *Credule*
& de *Precipité,* celuy d'*Opiniâtre:* mais pour meriter celuy d'*Impudent,* il ajoute *qu'il*
le croit encore, d'autant mieux qu'il a vû le pour & le contre.

Cela eft clair, Mon R. P. il ne faut pas confulter l'Oracle pour s'appercevoir que
ce *Contre* ne regarde que vous & moy: cet homme d'honneur ofe vous dire publiquement qu'il a affez de candeur pour croire Mr. Boyer fur un fait, parce qu'il le
croit *homme d'honneur,* quoyque cy-devant il ait déclaré *reellement & geometrique-*
ment, que même aujourd'huy il n'a pas l'honneur de connoître *Mr. Boyer.* Il prefere toute fois fon témoignage au vôtre fur le même fait, quoyqu'il vous connoiffe parfaitement & qu'il foit vôtre Confrere : il vous en a dit la raifon *en homme d'honneur. J'ay*
crû un homme d'honneur fur un fait qu'il dit avoir vû, fondé, mefuré en tout fens. N'eft-
il pas évident que s'il vous croyoit *homme d'honneur,* il fe feroit rendu à vôtre témoignage. Celuy que j'ay rendu de ce même fait dans ma Lettre aux Auteurs du
Mercure ne me laiffe pas la liberté de m'exclurre du *Contre* qu'il a vû, d'autant
mieux *qu'il n'a l'honneur de me connoître que par l'attaque de cette Lettre.*

Il ne fçauroit donc ignorer que *j'ay vû, fondé, mefuré en tout fens, fans parler des*
autres qui atteftoient la même chofe. Je ne me fuis pas borné à dire *que j'ay vû, &c.*
j'ay donné la fituation de ce Trou, fa grandeur & toutes fes dimenfions ; j'ay ex-
pliqué pourquoy les Pefcheurs luy ont donné le nom de *Suëille.* Il eft vray que je
ne me fuis pas amufé à dire que Mr. Boyer n'ayant *vû, fondé & mefuré* ce Trou
que dans fa plus grande jeuneffe, fon Pere étant alors Entrepreneur de la Cure du
Port de Marfeille, auffi capable de cet Employ que de la Profeffion de Chirurgien
qu'il avoit exercée fur les Galeres de Malte, d'où fa capacité, avec la protection
du General & de l'Intendant des Galeres de France, le tirerent pour luy procurer
la place de Chirurgien Real ; cette circonftance pourroit bien avoir quelque part
à la credulité precipitée du P. Caftel. Quoyqu'il en foit, j'ay lieu de prefumer que
Mr. Boyer étant encore enfant, s'avifa de jetter dans cette *Suëille* une ligne à fonder, dont le *Plomb* fut d'abord arrêté par l'*Algue* qu'il y a toûjours au fond de
ce Trou, fans que cet Enfant s'en fût apperçû, il continua toûjours à laiffer *filer*
fa ligne tant qu'il y eut de corde, ce qui l'ayant determiné à croire que ce Trou
n'avoit point de fond, il le regarda dès lors comme un Gouffre. Vôtre hardi Confrere pourra, s'il veut, regarder le détail de ces faits, que je ne rapelle que pour
me diftraire de mes vives douleurs; il pourra, dis-je, s'il veut, les regarder comme un *entaffement* de paroles ; mais il ne perfuadera jamais aux Lecteurs que le
vray & le faux font noyez dans cet entaffement. Quoyqu'il

Quoyqu'il y ait environ cinquante ans que je vis, fonday & mefuray pour la premiere fois ce *Gouffre* imaginaire, ainfi que je le trouve attefté fur un Plan du Port de Marfeille & de fes Rades, levé en 1678. je n'étois pas pourtant alors fi jeune que Mr. Boyer; & quoyque je fuffe bien affuré de l'exactitude de mon Plan, je ne me fuis pas contenté dans ma Lettre fur le Phenomene de raporter les dimen-fions que j'avois alors pris de cette *Suëille*, crainte que mes anciennes Obferva-tions n'euffent reçû un changement notable, foit par quelque tremblement de ter-re local ou éloigné, foit par la vivacité du feu *Central*, j'ay fait à votre priere, étant incommodé & ne pouvant agir moy-même, j'ay fait de nouveau fonder & mefu-rer cette *Suëille* auffi-bien que le Port de Marfeille, fon Avant-Port, apellé *Farot*, & toute la Rade, par des Officiers éclairez & capables, ainfi que je l'ay dit dans ma Lettre écrite fur le Phenomene du 29. Juin; qui ayant vû, fondé & mefuré, ont trouvé toutes les dimenfions raportées dans cette Lettre, par laquelle vôtre Confre-re dit aujourd'huy avoir l'honneur de me connoître. S'il s'en fût tenu là, nous n'au-rions pas raifon de nous plaindre de fon obftinée incredulité fur ce fait, parce que chacun a la liberté de croire *Paul* ou *Cephas*. Un Poëte auroit tort de s'offenfer d'un *Iroquois* qui mettroit le Taffe au-deffus de Virgile: cet *Iroquois*, tout Sauvage qu'il eft, a la liberté de preferer le Clinquant de l'un à l'Or de l'autre. Ce n'eft donc pas la preference que votre jeune Confrere donne au témoignage de Mr. Boyer qui, dans fon *Scholie*, eft le plus reprehenfible; c'eft le venin qui refide à la Queuë qu'on ne fçauroit excufer.

Il a crû, dit-il, & il croit encore, après avoir vû le Pour & le Contre, parce qu'il croit *Homme d'honneur* l'Auteur du *Pour*. Que penfe-t'il, ou plû-tôt que fait-il en-tendre publiquement de ce qu'il croit des Auteurs du *Contre*? Je ne pouffe pas plus loin cette induction, je la livre au Lecteur droit & équitable.

C'eft à vous, Mon R. P. qui êtes Geometre, à trouver quelque Probleme propre à détruire le *ftyle Geometrique* de vôtre Confrere. A mon égard, fans avoir recours à la Geometrie, je juge que cette impudente *Scholie* meriteroit une Réponfe plus dé-monftrative que ne le peuvent être les termes les plus vehemens & les plus vifs. Je fuis perfuadé que fi elle va aux oreilles de fes Superieurs, ils reprimeront l'extrava-gante temerité de ce jeune-homme, autrement que par des paroles.

Vôtre judicieux Confrere ne fe dément point; après avoir fait *en homme d'honneur* l'aveu dont je viens de parler, il a la prudente précaution *de prier le Public d'être un peu en garde contre les attaques qu'on luy fait*, en l'affeurant *qu'il mefure autant qu'il peut fes paroles*. Sa Lettre à Mr. de Joly a fait le Prélude de cette mefure; celle qu'il vous a écrite le 10. Mars a continué fur un ton plus haut; fa Réponfe Geometrique vient enfin de combler la mefure de fes paroles. Celles que je viens de vous écrire feront voir que fa Propofition 3. n'eft pas feulement fauffe, mais encore artificieufe & peu fenfée: *Ce qu'il falloit démontrer.*

Propofition 4. M. de Barras me fait l'honneur de me dire publiquement qu'il ne me croit pas fur ma Geometrie; il veut pourtant que je le croye Geometre. En quel endroit luy ay-je dit le contenu de cette Propofition? *On* le defie de montrer cet article ima-

B

ginaire dans ma Lettre fur le Phenomene de Marſeille , ni ailleurs ; il eſt vray que
j'ay ri du terme de *Jargon* dont il a qualifié la Geometrie ordinaire ; j'ay plaiſanté des
promeſſes d'un jeune-homme qui ſans ceſſe leurre ſes Lecteurs d'une *haute Geometrie*. Mes railleries roulent uniquement ſur ſes hautaines & burleſques expreſſions ,
ou ſur *ſa credulité precipitée* du *Gouffre* de Mr. Boyer, que j'ay vûë aprouvée & con-
firmée par des invectives & des injures dans diverſes Lettres ſignées *Caſtel*. Il eſt
encore vray que je luy ay dit fort poliment dans ma Lettre imprimée *de ne pas trouver mauvais ſi je n'ay pas la même credulité touchant ſes promeſſes Phyſico-Mathemati-
ques*. Je l'ay enfin prié d'agréer qu'en attendant cette *haute Geometrie*, *qui tout d'un
coup ſera à la portée de toute ſorte de gens*, je continuë tranquilement à me ſervir du *Jargon
des anciens Geometres. Attend-on ce qu'on ne croit pas ?* Eſt-ce là luy dire que *je ne
le crois pas ſur ſa Geometrie, & que je veux pourtant qu'il me croye Geometre ?* Quoy !
parce que je n'ay pas eu pour ſes promeſſes la même credulité qu'il a euë pour l'exiſtence du *Gouffre* de Mr. Boyer, s'enſuit-il que *je ne le crois pas ſur ſa Geometrie ?* Il
n'y a certainement autre choſe dans ma Lettre qui puiſſe autoriſer ſes fauſſes attaques. On n'y voit que des railleries au ſujet de ſes promeſſes réïterées : j'ay eu droit
de me divertir *du plaiſir qu'il s'eſt donné de rire d'une nation de gens qui ſçavent tout, &c.*
En un mot, il ne ſçauroit montrer que j'aye dit en aucun endroit le conteau de ſa
propoſition 4. ce qui fait voir clairement au Lecteur qu'elle eſt imaginaire, ſup-
poſée, peu judicieuſe & fauſſe. *Ce qu'il falloit démontrer.*

Démonſtration. *Je ſuis Religieux, je le remercie donc du premier, & je le crois ſur
le dernier.* Plaiſante Démonſtration qui doit donner au Lecteur une grande idée de
ſa *Réponſe Geometrique.* Avoüez que ce remerciment artificieux & hors d'œuvre n'eſt
tout au plus propre qu'à parer d'une fauſſe humilité l'Habit qui couvre ſon corps.
Quand même je luy aurois dit *que je ne le crois pas ſur ſa haute Geometrie*, il n'auroit pas plus de raiſon de ſe plaindre de mon incredulité, qu'il en a de m'en re-
mercier : mais il doit m'être obligé de luy avoir donné occaſion d'aprendre à ſes
Lecteurs qu'il eſt *Religieux* : ce qui a parû de luy juſqu'à preſent en public, n'en
donne aucune idée à ceux qui ne le connoiſſent que par ſes Ouvrages ; on y trouve au contraire des traits qui pourroient faire penſer qu'il n'eſt pas même Chré-
tien. Un homme qui ne parle jamais qu'en *Geometre ou en Phyſicien* ; qui écrit que
la Geometrie *eſt une Science Divine* ; que ſon deſſein eſt *de parler le langage des Dieux* ;
que ſon but unique eſt *de rendre, s'il eſt poſſible, tout le monde Geometre* ; que ce n'eſt
pas là tout ſon *Plan* ; que ce n'en eſt que la moindre partie. Un tel homme mon-
tre-t'il qu'il eſt *Religieux ?* Cela prouve que ſon remerciment eſt ironique & hors
d'œuvre ; que ce qu'il croit de moy eſt ſuppoſé ; & que ſa Propoſition 4. eſt imaginaire & fauſſe. *Ce qu'il falloit démontrer.*

Propoſition 5. L'attaque n'eſt pas bien legitime. Ce *bien legitime* eſt ſi bas, & la
Propoſition ſi puerile, qu'elle ne merite pas d'autre Réponſe que celle dont vôtre jeune Confrere dit qu'il ſe ſert en pareille occaſion : il me ſouvient d'avoir vû
dans une de ſes Lettres , qu'il n'y répond que par un grand O.

Démonſtration. M. de Barras déplace & raproche à ſon gré mes expreſſions , &

me fait dire ce que je n'ay pas dit : par exemple, que je veux me divertir encore quel-
ques années aux dépens du Public. Ce qu'il falloit démontrer.

Vous voyez bien que je n'ay pas mal fait de me déterminer à donner au Public le recüeïl de nos Lettres particulieres, parce que celles du P. Caſtel paroiſſant
en entier, le Lecteur non-ſeulement y verra ſi ce trop hardy Geometre *n'a don-*
né aucune aprobation ni lente ni précipitée au Gouffre de Mr. Boyer, mais il pourra
encore juger *ſi je déplace & raproche à mon gré ſes expreſſions, & ſi je luy ay fait*
dire ce qu'il n'a point dit. Il verra de même dans ſa Lettre à M. de Joly, que je
n'ay rien cité qui n'en ſoit extrait mot à mot. A vôtre égard, comme vous n'a-
vez pas à Toulon le Mercure où eſt cette Lettre, je vais vous raporter les extraits
qui ont fait le ſujet de mes railleries : vous jugerez vous-même ſi je luy ay *fait*
dire ce qu'il n'a pas dit.

Bon ! & ne voyez vous pas que je me priverois du plaiſir de rire avec vous des
bevües dans leſquelles le genie de la Critique fait donner ces beaux Eſprits ? je les
connois & j'ay voulu plus d'une fois me donner le divertiſſement de leur faire prendre
le change . . . Il y a dans le monde une Nation de gens qui ſçavent tout. Je penſe
qu'avec leur bon ſens bourgeois, ils vont nous dire tout d'un coup, combien le Soleil
eſt plus grand que la Terre . . . . Croyez-moi laiſſez-moi joüir du plaiſir piquant de les
voir mordre à l'hameçon, & ſe debatre tout au tour, ſans preſque ſentir le morceau
fatal qu'ils ont avalé. J'aime naturellement ce petit jeu . . . . Pour ma Geometrie rien
ne me preſſe de la donner : la ſçaurai-je mieux quand je l'aurai donnée ? Et que m'im-
porte que tel & tel la ſçachent ? Elle leur applaniroit trop certains chemins, où je ne
ſuis pas fâché de les voir encore s'évertuer quelques années : Ce ſont les propres termes dont ce grand Geometre a regalé ſes Lecteurs. En falloit-il la moitié tant pour
avoir droit de dire que le P. Caſtel *veut ſe divertir encore quelques années aux dé-*
pens du Public ? Et n'ay-je pas raiſon de vous écrire aujourd'huy que ſa Propoſition
5. eſt puerile, & que la demonſtration qu'il en donne eſt artificieuſe & fauſſe ?
Ce qu'il falloit démontrer.

Propoſition 6. L'attaque n'eſt pas Geometrique.

Ce jeune homme, qui comme je viens de le dire, n'a *d'autre but que celui de*
rendre tout le monde Geometre, voudroit que tout ce que l'on écrit fut geometrique : pour moi qui ne fais pas comme lui mon idole de la Geometrie, je me con-
tenterois que tout le monde eut l'eſprit Geometrique.

Je voudrois bien ſçavoir ſurquoi il ſe fonde, en diſant que ma prétendüë *atta-*
que n'eſt pas Geometrique. Vous ſçavez mon R. P. que c'eſt la principale difference
qui ſe trouve entre vos nouvelles obſervations ſur le Phenomene de Marſeille & les
miennes, les vôtres ſont énoncées *geometriquement,* les miennes *hiſtoriquement.* Au
regard de ma prétendüë *attaque*, vous avez déja vû qu'elle eſt imaginaire & fauſſe,
ce qui ſuffit pour faire juger au Lecteur que ſa Propoſition 6. ne l'eſt pas moins.
Ce qu'il falloit démontrer.

Demonſtration. Elle eſt pleine d'ironie & d'autres figures non geometriques, &c.
Convenez que toute cette démonſtration n'a rien de Geometrique, c'eſt une figure

de Rhetorique très-commune, qui, en outrant la matiere, détruit le vrai, auquel seul vise le Geometre. Sans avoüer que *ma Lettre*, sur le Phenomene de Marseille, *soit pleine d'ironie & de raillerie*; j'ay déja dit & redit que j'avois pris en quelques endroits, *le plaisir de rire des manieres imperieuses & ironiques avec lesquelles* le P. Castel a pris avant moi le même plaisir, parce que je n'ay pas crû qu'il eut seul le privilege de rire aux dépens d'autrui. Est-ce un crime d'avoir suivi son exemple? Si c'en est un, ce Juge d'Apollon, auroit dû se juger lui-même avant que de prononcer l'Arrest de ma condamnation; il est plus criminel que moi, parce qu'il a plaisanté *d'une Nation de gens*, au lieu que mes railleries ne regardent qu'un simple Particulier qui s'est donné le plaisir de rire le premier, & de se divertir publiquement aux dépens de ses Lecteurs.

J'ay aussi plaisanté de sa *credulité* precipitée, touchant le Gouffre imaginaire de M. Boyer, mais quoique mes railleries ayent la justesse, la solidité & le vrai de la Geometrie, je ne les ay pas données comme *Geometriques*; je me suis borné en raportant fidellement & mot à mot quelqu'unes de ses Phrases ironiques & hautaines, de les apliquer à mon sujet, pour donner le moyen au Lecteur de rire à son tour du temeraire & imprudent *plaisir* que le P. *Castel a bien voulu se donner*.

Je n'ay pas negligé de distinguer *les deux Stiles* de sa Lettre à Mr. Joly: je me suis diverti du Stile *ordinaire*, sans rien dire contre le *Geometrique*; ce qui montre évidemment que je ne l'ay point *attaqué sur la Geometrie*, & que je n'ay pas eû la pensée de vouloir qu'il me crût *Geometre*. Imaginaires & fausses idées d'un grand Geometre, ausquelles on peut joindre celles *de l'Acte juridique & public, qu'il a crû devoir prendre pour ne pas renoncer à son Stile geometrique*, que personne ne lui conteste, mais sans avoir renoncé au sens commun, on ne peut pas dire au public, entre les mains duquel est ma Lettre sur le Phenomene de Marseille, *M. de Barras m'attaque sur ce Stile* (Geometrique) *il ne veut pas y renoncer*.

Ce grand Geometre a, sans doute, voulu montrer à ses Lecteurs l'Original *d'une de ces personnes qui sçavent tout*, qu'il a figurées dans sa Lettre à Mr. de Joly; en ces termes. *Il est vrai que le Stile fait tout, auprès des personnes qui sçavent tout ... Avec du Stile, croyez-moi, avec un certain Stile, vous allez être Musicien, Peintre, Philosophe, Geometre; Fies de Rhetore Consul*. Vôtre jeune Confrere avec des Stiles differens s'est montré au Public, tantôt comme Musicien & Peintre, par son *Clavessin oculaire*; tantôt comme Philosophe & Physicien par son Sistême de la pesanteur universelle des Corps; tantôt comme Geometre par tout ce qu'il a écrit ou promis sur cette divine science. Vous venez de voir un Rhetoricien dans la démonstration de la Proposition 6. Vous verrez enfin un Imposteur dans sa prétenduë Réponse Geometrique. *Ce qu'il falloit démontrer*.

Proposition 7. Cette attaque porte encore à faux. Cette proposition étant évidemment aussi inutile & fausse que les autres, je n'y réponds que par un grand O.

Démonstration. Je fais mon profit de tout: je remercie donc l'illustre Agresseur de m'avoir fourni l'occasion de donner des éclaircissemens sur ma Lettre à Mr. de Joly. Je ne remercierai pas ce grand Geometre du remerciement moqueur, ironique &

hors d'œuvre qu'il me fait de lui *avoir fourni l'occasion de donner des éclaircissemens sur sa Lettre à Mr. de Joly*, qu'il ne sçauroit justifier par le secours de sa haute Geometrie ; il auroit mieux marqué sa reconnoissance, si par un desaveu public il m'avoit rendu plus de justice & s'il avoit eû pour mon témoignage & pour le vôtre les égards qu'il nous doit à l'un à l'autre, bien loin de nous faire entendre publiquement & évidemment, qu'il *ne nous croit pas gens d'honneur.* Il ne suffit pas d'être Geometre, ni d'avoir de l'esprit pour se tirer d'un mauvais pas, non plus que pour sortir d'un *Gouffre* sur lequel il *surnage* encore de son propre aveu. *Ce qu'il falloit démontrer.*

Les railleries faites sur sa Lettre à Mr. de Joly, ne peuvent être effacées par des éclaircissemens, qui ne sçauroient détruire des faits publics. Vous verrez que vôtre jeune Confrere s'est un peu radouci dans sa Proposition 9. où il a pris le parti de dire, *qu'il n'estime pas assez son Ouvrage pour en faire un mistere.* C'est à dire qu'il ne veut plus laisser ses Lecteurs *s'evertuer encore quelques années* pour en penetrer la sublimité, *& que sentant parfaitement l'honneur qu'on lui fait, il s'est laissé persuader de donner incessamment cet Ouvrage, si long-tems promis en termes moqueurs. Quantum mutatus ab illo !* Ce n'est pas icy la premiere fois que je vous ay fait remarquer cette variation dans vôtre Confrere.

Au regard *de sa credulité precipitée* sur le prétendu *Gouffre* à l'entrée du Port de Marseille, il y persiste avec une *opiniâtreté* peu judicieuse : il voit bien qu'il n'y a ni éclaircissement, ni démonstration qui puissent l'excuser, ni le tirer de ce *Gouffre*, qu'un aveu formel & public de son aveugle imprudence. *Ce qu'il falloit démontrer.* Suivons cette démonstration.

1°. *Je n'y attaque absolument qui que ce soit, je m'y deffends seulement dabord contre deux ou trois personnes, qui, sans avoir le nom même de Geometres me tracassoient d'une maniere importune sur des choses connuës de tous les Geometres de Paris & d'ailleurs, qui sçavent tous que le chemin le plus droit n'est pas toûjours le plus court, pour arriver à un but. Voilà ceux pour qui je suprimois ma Geometrie à la portée de tout le monde ; car il n'est pas question de ceux qui sont déja Geometres, ils n'en ont que faire, & le Jargon de la Geometrie n'est point pour eux un Jargon.*

Voilà de la Geometrie ! Comment peut-on sans elle sçavoir *que le chemin le plus droit n'est pas toûjours le plus court pour arriver à un but* ? Admirez dans ces paroles, l'artifice pour ne pas dire la mauvaise foy de vôtre Confrere. Je pense qu'avec son Stile, fort inferieur *au bon sens bourgeois*, après avoir insulté les Astronomes, en leur disant qu'ils vont *dire tout d'un coup combien le Soleil est plus grand que la Terre*, je pense, dis-je, qu'il leur démontrera *avec sa haute geometrie*, que la Terre est plus grande que le Soleil.

Confrontez je vous prie cette démonstration de sa Proposition 7. avec ce qu'il a dit dans sa Lettre à Mr. de Joly en ces termes. *J'avois annoncé quelque part comme une chose démontrée depuis plus d'un Siécle, que la ligne droite n'est pas toûjours le plus court chemin pour arriver à un but ; mais je l'avois annoncé en Stile aisé d'Epitre familiere, &c.* Vôtre artificieux Confrere change aujourd'huy entierement la

Thefe , en difant *le chemin le plus droit* , au lieu de *la ligne droite* ; il ne s'agit plus
de Geometrie dès qu'on fubftitue un terme à l'autre , & qu'on ne parle plus en
Geometre. Mais quand on fe moque du *Jargon* des Geometres , & qu'on leur dit
que la *ligne droite n'eft pas toûjours le plus court chemin pour arriver à un but.*
On leur tend un piege équivoque , artificieux & faux , parce qu'en parlant en
Geometre , on donne à entendre à ceux qui ne font point en garde contre l'artifice & les équivoques , *que la ligne droite n'eft pas la plus courte de toutes les lig-*
nes , le but d'une ligne droite ne pouvant fe trouver qu'au bout de cette ligne ;
de forte qu'on ne peut regarder cette démonftration , que comme la penfée d'un
jeune homme qui , pour *fe divertir de fes Lecteurs ,* facrifie dans une feule ligne ,
équivoque , artificieufe & fauffe ; *le bon fens bourgeois* au bel efprit du Geometre.
Ce qu'il falloit démontrer.

Je ne fçais fi vous vous êtes aperçû dans les Lettres que vous a écrit le P.
Caftel , qu'il change de caractere auffi facilement que de Stile ; pour vous en con-
vaincre , je vous prie de relire la Lettre qu'il vous écrivit le 19. Janvier 1726.
& de la confronter avec celle qu'il vous a écrite le 10. Mars de la même année.
Vous trouverez auffi d'autres preuves de fa diverfité de Stile & de Caractere dans
fa Réponfe Geometrique , en comparant le contenu des fept premieres Propofitions avec les deux dernieres , aufquelles je ne m'arrête point pour prouver à vôtre
jeune Confrere *que je le croys fur fa geometrie , & que je ne me pique point d'être*
Geometre , non plus que du titre *d'illuftre* fçavant ; je vous en ay dit ailleurs les
raifons. Je me pique d'être *homme d'honneur. Je crois* vôtre jeune Confrere , *fur*
fa geometrie , ou pour m'expliquer comme lui , *je le crois fur le premier , & je le*
tiens quitte du dernier. Je crois donc qu'il eft Geometre fans avoir l'efprit Geometrique , ma déclaration étant inconteftable , il ne faut pas la démontrer.

Ma Lettre , mon R. P. eft un peu longue , mais je n'ay pas fçû être plus court ;
mes termes font fort vifs , mais ils font naturels , & tels que j'ay eû deffein de
les employer. Je l'ay communiquée à cinq ou fix de mes Amis particuliers ; vous
jugez bien que dans ce nombre , il s'eft trouvé des Jefuites , un entre autres d'un
efprit fin & d'une Nobleffe très-connuë en Provence , mais encore plus diftingué
par la force de fon droit & jufte jugement ; celuy-ci m'a mis le feu au ventre en
me difant que je n'aurois pas le courage de faire part de ma Lettre au P. Caftel ,
que je la laifferois pourrir à mon ordinaire dans la pouffiere de mon Cabinet ,
avec bon nombre d'autres Pieces que ma vivacité m'avoit jufqu'à prefent obligé
de fuprimer.

Je crois vous avoir mandé que je fais copier actuellement toutes les Lettres
Critiques qu'on m'a écrit fur les *Triremes* , au fujet de mes Memoires fur les di-
vers Ordres de Rames dans les Galeres des Anciens , avec mes Réponfes Critiques , aufquelles j'ay joint quelques Memoires abregez fur la conftruction , l'uti-
lité & l'importance des Galeres ; je joindrai à ce Recüeil celui dont je vous ay
cy-devant parlé. J'envoyerai à Paris l'un & l'autre à un de mes Amis , qui en

difpofera à fon gré ; en attendant Je fais tranfcrire cette Lettre dont J'ay refolu de faire remettre une Copie au P. Caftel en main propre.

Tous vos Amis , mon R. P. vous attendent icy avec impatience : vous devez croire qu'eftant le plus vif , je fuis le plus impatient , j'ay une envie extrême de vous dire moi-même que perfonne au monde vous eftime , vous honore & vous aime autant que vôtre très-humble & très-obéïffant Serviteur.

www.ingramcontent.com/pod-product-compliance
Lightning Source LLC
Chambersburg PA
CBHW050434210326
41520CB00019B/5926